酷虫大战

科学大探索书系
SCIENTIFIC INQUIRY

[英] 史蒂夫·派克 / 著
[英] 西蒙·门德斯 / 图
李静 / 译

CNS PUBLISHING & MEDIA 中南出版传媒
湖南少年儿童出版社 · 长沙
HUNAN JUVENILE & CHILDREN'S PUBLISHING HOUSE

图书在版编目（CIP）数据

酷虫大战 /（英）史蒂夫·派克著；（英）西蒙·门德斯图；李静译. — 长沙：湖南少年儿童出版社，2023.2
（科学大探索书系）
ISBN 978-7-5562-6724-8

Ⅰ. ①酷… Ⅱ. ①史… ②西… ③李… Ⅲ. ①昆虫 – 少儿读物 Ⅳ. ① Q96-49

中国版本图书馆 CIP 数据核字（2022）第 182649 号

KUCHONG DAZHAN

酷虫大战

总 策 划：周　霞
策划编辑：钟小艳
责任编辑：钟小艳
质量总监：阳　梅
营销编辑：罗钢军
封面设计：仙境设计
排版设计：嘉律文化

出版人：刘星保
出版发行：湖南少年儿童出版社
地址：湖南省长沙市晚报大道89号
邮编：410016
电话：0731-82196340（销售部）
经销：新华书店
常年法律顾问：湖南崇民律师事务所　柳成柱律师

印制：长沙新湘诚印刷有限公司
开本：889mm × 1194mm　1/16
印张：5
版次：2023年2月第1版
印次：2023年2月第1次印刷
书号：ISBN 978-7-5562-6724-8
定价：35.00元

目录

超酷的图片

以假乱真的程度会让你以为是现场照片!

CHAOKU DE TUPIAN

虫子的世界

几乎所有小小的、多腿的、爬来爬去的动物都是“虫子”。不过自然学家们把虫子分成了几大类，比如昆虫、蛛形纲动物和多足纲动物。这些都是按照虫子的特点，比如腿的数量以及生命周期进行分类的。昆虫有6条腿，蛛形纲动物有8条腿，而多足纲动物有20条或更多的腿。

蜘蛛

作为蛛形纲动物，所有蜘蛛都有8条腿。它们还长有毒牙，身体分为两个部分：头胸部（前体）和腹部（后体）。蜘蛛会吐丝结网，并利用它们捕捉猎物。

闪闪发光的宝石

宝石甲虫和宝石金龟因为闪闪发光的色彩而得名。比如闪着金属光泽的蛀木虫，这种虫子的幼虫又白又胖，整整两年都住在树洞里百无聊赖地啃木头。

避日蛛

这些住在干旱地区的掠食者也叫驼蛛或风蝎。它们有8条腿，所以属于蛛形纲动物，但它们既不是蜘蛛也不是蝎子。它们在蛛形纲中单独列为避日目。

膜翅目

蚂蚁有 6 条腿，所以是昆虫。它们的近亲是蜜蜂和黄蜂。这三种昆虫组成了膜翅目。它们共同的特点就是群居——同类居住在一起或集合成群。

有爪动物

所有虫子中最奇特、最神秘的是天鹅绒虫，它们好像是其他几种生物的奇怪组合体。它们形成了自己的独有种群，即有爪动物，并且似乎没有近亲。

多足纲

多足纲动物有很多条腿，如大多数蜈蚣有 20~60 条腿，少数会超过 250 条。它们的头部还有长长的、利齿一般的毒爪！

螳螂

螳螂有 4 条腿和 1 对可怕的钳子。这对钳子其实是它的前腿，所以螳螂是昆虫。它们是所有虫子中最健壮、速度最快的一种——天生的完美杀手！

虫子的生命周期

几乎所有虫子都是由成年雌性产下卵而开始了一生。有些新孵出的小虫子外表看起来很像父母，蜕皮几次后就会慢慢长大。有些小虫子刚孵出来时看起来和成虫大不相同，一生需要经过一次或多次形态变化才能长大，这种变化称为变态。

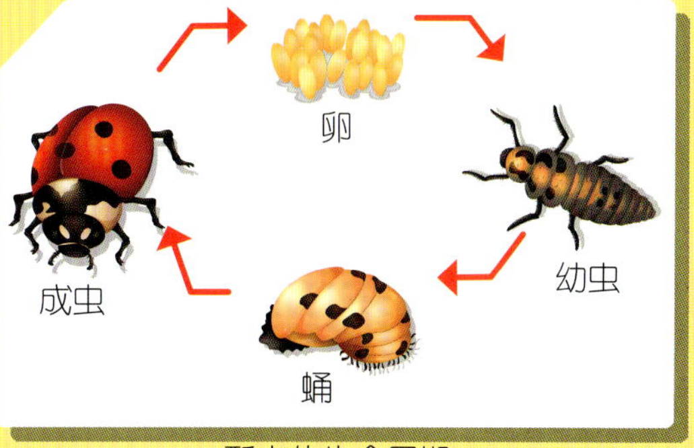

瓢虫的生命周期

臭虫的生命周期

好斗的虫子

在可怕的虫子世界里，每天都会发生一些令人毛骨悚然的事。如果最为可怕的虫子们离开自然栖息地后相遇，又会发生什么事呢？本书利用神奇的计算机技术制作了精美的图片，还原出这些让人吃惊不已的场景和虫子，非常逼真，你会以为这些都是照相机的功劳！

超酷的图片
以假乱真的程度会让你以为是现场照片！
CHAOKU DE TUPIAN

甲虫有非常坚硬的护翼，用于覆盖它们的身体。

战斗和武器

大多数昆虫有坚硬的外壳——外骨骼，外骨骼很硬，很难穿透。巨大花潜金龟和巨沙螽格斗时，都会寻找对方柔软的地方或者脆弱的部位进攻，比如眼睛或触须。

比较柔软的地方大概就是腿部关节处。

大多数甲虫脚上都有爪子，可以利用它们划伤和撕裂对手。

评分系统

每只虫子的6个战斗力等级中，以整数计，单项最高得分为9分，所以一只虫子的最高得分为54分（以整数计）。没有任何一只虫子能拿到最高分，因为它们都有一个或两个弱点。右侧的虫子是各个种类中得分较高的，让我们来看看它们的战斗情况，以便确认它们的战斗水平。

战斗力

致命武器	9
速度和灵敏度	9
蛮力	9
体重	9
脑力	8
逃跑能力	9
总分	53

灰蝎的尾针能造成对方的瘫痪或死亡。

跳蛛喜欢搞突击战术，如眨眼间就能跳到猎物身上，使对手防不胜防。

红膝狼蛛仅靠肌肉的力量就能打败敌人。

作为世界上体形最大的虫子，巨大花潜金龟往往利用体重优势打败敌人。

刺花螳螂擅长调整自己的速度，以适应任何新的环境。

极少有对手能扛得住花山蛭的杀手锏——利用身体的疯狂蠕动和扭转袭击对方，它一般都能逃脱捕食者！

为生存而战

在真实的大自然中，虫子们的战斗行为都是事出有因的。或许是为了争夺食物；或许是为了抵抗入侵者，保护自己的领地；第三个原因则是为了得到与雌性交配的权力。雄性虫子们相互冲撞，以显示自己权力最大，身体最强壮，右图中的这些鹿角虫就是如此。

翘起尾巴对抗

这是一场对峙——或者可以说是利用尾巴对翘的战斗。一只正在寻找食物的恶魔隐翅虫闻到了美味——就是虫巢里的虫卵。但是它没有料到虫卵旁还有母亲——一只巨型蠼螋。与其他昆虫不同，这只蠼螋会奋起反击，以保护它的孩子们。黑色的恶魔隐翅虫挥舞着强有力的头部，做出威胁的样子——它动了动它那剪刀一样的下颚，卷起自己的尾巴——准备喷出臭液。光滑漂亮的蠼螋见状，也抬起尾巴，现出尾端的钳子。这把钳子可以夹硬物，但无法置对方于死地——但是恶魔隐翅虫知道吗?

巨型蠼螋

学　　名：*Titanolabis*

生物特征

像钳子一样的尾巴，可以夹住物体，但不能用力压碎。

SHENGWU TEZHENG

蠼螋一般都是爱好和平的动物，属于革翅目昆虫，“革翅”的意思是“皮革一般的翅膀”。它的口器中等大小，常用来捕食小一点的虫子，比如白蚁，或者吃点植物的叶子和水果，但它们无毒，攻击力也不强。蠼螋主要的武器就是长在尾巴上的钳形尾须，可以用来抓住东西，在攻击和逃跑时会快速地弯曲并扭动以摆脱困境。

战斗力

致命武器	7
速度和灵敏度	8
蛮力	6
体重	4
脑力	5
逃跑能力	8
总分	38

带盖的背部

甲虫有4只翅膀！前两只称为鞘翅，用来覆盖并保护大而脆弱的后翅。如果要飞行，鞘翅就会掀起，露出后翅，后翅展开，开始飞行。

体长约30毫米

恶魔隐翅虫

学　　名：*Ocypus*

战斗力

致命武器	7
速度和灵敏度	5
蛮力	6
体重	5
脑力	6
逃跑能力	6
总分	35

隐翅虫属于鞘翅目昆虫，鞘翅目是迄今为止最大的一个昆虫种类，有40多万个不同的物种。恶魔隐翅虫还被称为“恶魔拉车马”，是因为它那恶魔般的黑色而得名。它喜欢寻找一些小型猎物，比如蠕虫、蚂蚁和小蛞蝓。其巨大而有力的头部长有强壮的下颚（下巴）。遇到对方入侵时，这种虫子习惯像蝎子一样抬起身体后部以示警告，还会从尾部释放出一种很臭的液体以迷惑敌人。

生物特征 SHENGWU TEZHENG

尾巴上的腺体会释放出液体，很难闻，尝起来也很糟！

体长 25~30 毫米

利齿对毒刺

两大毒液冠军正在进行格斗，都想占据上风，死神的脚步正一步步逼近。巴西游走蛛正用腿努力抓住大黄蜂的翅膀，同时操纵着自己的毒牙刺入大黄蜂柔软的腹部——其头部和胸部很硬，能抵御攻击。大黄蜂努力避开对方致命的毒牙，扬起尾部螯针并旋转着刺向蜘蛛，同时还试图用锋利的下颚咬断蜘蛛的一条腿。这就是化学武器的力量！它们双方都知道结局——谁的毒液先释放，谁就能获得胜利。

巴西游走蛛

学　　名：***Phoneutria***

战斗力	
致命武器	9
速度和灵敏度	8
蛮力	8
体重	8
脑力	6
逃跑能力	8
总分	47

巴西游走蛛是世界上最毒的一种蜘蛛，它当然不是昆虫。它属于蛛形纲中的狼蛛总科，夜晚外出游荡，并不织网或筑巢。它并不是最大的蜘蛛，却有最强的一套攻击武器——巨大的利齿、极强的毒液和快速的反应能力。依靠强壮的长腿，它可以像闪电般移动，眨眼间就咬向猎物。

生物特征 SHENGWU TEZHENG

它的小尖牙含有剧毒。

体长 17~48 毫米
两腿之间的跨度约 150 毫米

大黄蜂

学　　名：*Vespinae*

战斗力

致命武器	8
速度和灵敏度	7
蛮力	8
体重	7
脑力	6
逃跑能力	8
总分	44

生物特征

SHENGWU TEZHENG

又长又硬的尖刺能释放出大量致痛毒素。

这是一只经计算机技术放大了的普通黄蜂。大黄蜂属于膜翅目昆虫，这一类昆虫还包括蜜蜂、蚂蚁和叶蜂。大黄蜂的背刺很大，非常致命。与蜜蜂不同，这根刺很光滑，没有倒刺或钩，所以可以多次刺入对方身体并随即拔出。大黄蜂是一个不折不扣的猎手，它们像野兽一样杀死其他虫子——甚至将比它们身体还大的虫子当作自己和自己宝宝的食物。

蜂巢轰炸机

大黄蜂喜欢向蜜蜂的蜂巢扔废物。它能快速杀死蜜蜂，每两秒钟就会砍掉一只蜜蜂的脑袋。这其实是一种自我保护的方式，可以避免蜜蜂的自杀式针刺袭击。通过这种袭击方式，大黄蜂同时还获得了食物——无论是死去的蜜蜂还是它们那失去庇佑的幼虫，黄蜂都可以将其吃掉，甚至还可以带回自己的小窝喂给自己的子女吃。

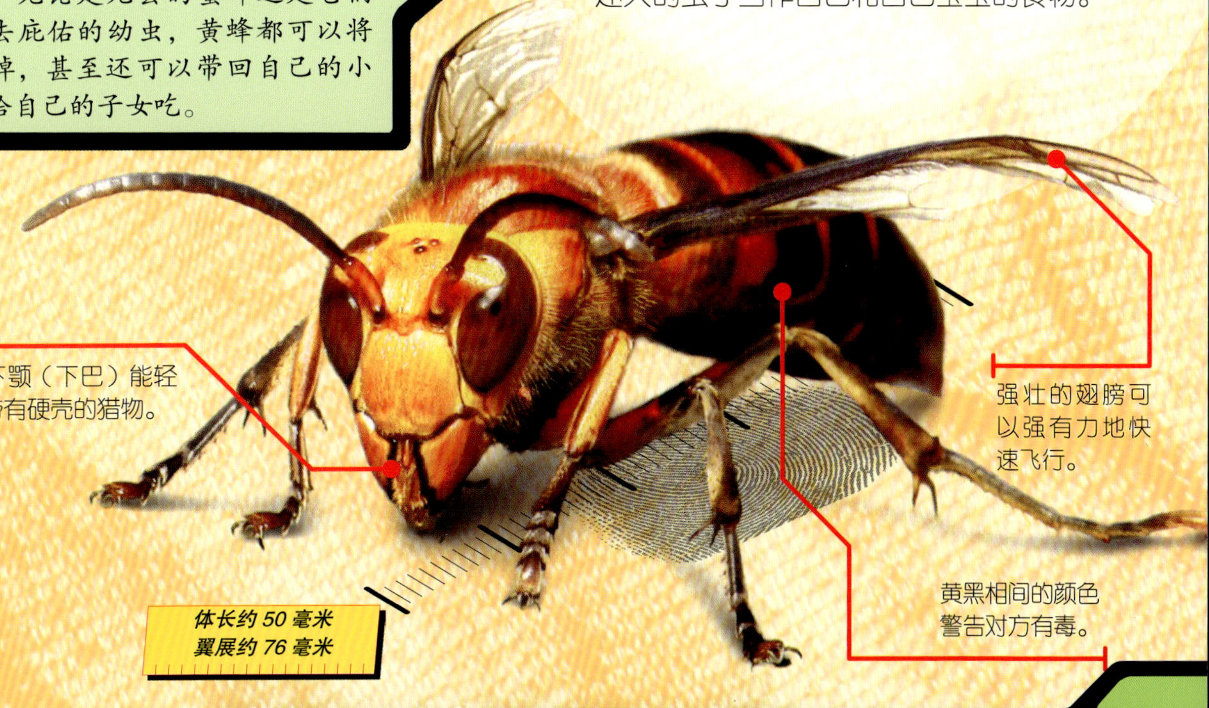

力量对勇气

一只马达加斯加发声蟑螂沿着一根树枝慢慢地爬行，突然一只刺花螳螂向它发出了雷霆一击。这只螳螂离开了常住的花丛，望着眼前的怪物，起初它也感到非常吃惊和震撼，但随后它伸出了自己尖利的前腿，试图切掉蟑螂那脆弱的触须或者刺穿它那柔弱的眼睛。不过蟑螂在体形和重量上占优势，它大声发出嘶嘶的叫声，用带爪的腿猛踢螳螂，想要摧毁入侵对手的前肢或撕开那大大的复眼。

刺花螳螂

学　　名：***Pseudocreobotra wahlbergii***

螳螂属于昆虫家族中的螳螂目，还有人称它为“祈祷的螳螂”，这源自于它们的“祈祷”姿势——前腿高举，就像双手合十。它们的身材偏大，因此成为虫子王国中最有效率的杀人机器，反应快得令人难以置信。刺花螳螂就是其中最鬼祟的一员，它擅长潜伏和伪装，几乎所有靠近它所栖花朵的猎物都无一幸免。

战斗力

战斗力	
致命武器	8
速度和灵敏度	9
蛮力	7
体重	7
脑力	8
逃跑能力	8
总分	47

巨大的眼睛提供了全方位的广阔视野。

它的翅膀会突然打开，显露出眼状斑点的花纹来吓退敌人。

许多尖刺用来保护全身。

体长约 38 毫米

惊人的事实

雄螳螂在与个头大很多的雌螳螂交配时一定要分外小心。如果雌螳螂饿了，即使在交配过程中，雌螳螂也可能杀死雄螳螂然后吃掉它！

小心！

生物特征

折叠式带刺的前腿用来抓住猎物。

SHENGWU TEZHENG

马达加斯加发声蟑螂

学　　名：*Gromphadorhina portentosa*

战斗力

致命武器	6
速度和灵敏度	5
蛮力	8
体重	8
脑力	6
逃跑能力	5
总分	38

生物特征 SHENGWU TEZHENG

身体两侧的呼吸孔（气孔）吸入呼出空气时会发出很大的嘶嘶声。

马达加斯加发声蟑螂属于蟑螂类虫子中的蜚蠊目。它没有毒，没有大而强壮的下颚，但它身材壮硕，外壳坚硬强壮。雄性有凸起的“角”，叫作背甲，通常用于繁殖期击退竞争者和敌人。和大多数其他蟑螂一样，这种发声蟑螂主要以少量的水果、种子和其他植物为食。

刺穿盔甲的士兵

白蚁兵蚁大批大批冲向蚁巢的入侵者——某巨型千足虫，向它发起攻击，完全没有考虑到自身的安危。巨型千足虫一般都行动迟缓，没什么攻击力。而这只巨型千足虫只是不小心闯入了白蚁的地界，这条多腿的动物要为此付出生命的代价吗？兵蚁们庞大的下颚和它们的脑袋一样大，就像开罐器一样，想要穿透千足虫的坚硬外壳。千足虫旋转着、摇动着，试图把它们赶走；同时身体的毛孔还分泌出带有强烈刺激性的化学物质，使白蚁们陷入了痛苦挣扎中。

非洲白蚁

学　　名：*Macrotermes bellicosus*

战斗力

致命武器	7
速度和灵敏度	6
蛮力	6
体重	4
脑力	5
逃跑能力	6
总分	34

白蚁有时又叫作白色蚂蚁，但其实两者属于不同的昆虫种类。白蚁是等翅目昆虫。白蚁中的单个工蚁很容易成为敌人的猎物——它们又小又软，身体单薄无力；但整队整队的兵蚁大军则完全不同。有些兵蚁的下颚非常大，不能自己吃东西，必须得靠蚁巢内的工蚁喂食。

生物特征 SHENGWU TEZHENG

巨大的下颚有时比头还大。

大批攻击敌人，保卫家园

一座大型的白蚁山或蚁巢可能会有100多万只白蚁，多数都是忙碌的工蚁。巢里有一只或几只负责产卵的蚁后——它们可以活40年！这张照片显示的是兵蚁们站在蚁巢的开口处站岗放哨，并监视在附近工作的工蚁。一有麻烦，上千只兵蚁就会蜂拥而至，冲向敌人，用巨大的钳状下颚咬住对方。

巨型非洲千足虫

学　　名：***Archispirostreptus gigas***

战斗力

致命武器	6
速度和灵敏度	7
蛮力	8
体重	8
脑力	7
逃跑能力	8
总分	44

生物特征 SHENGWU TEZHENG

身体的毛孔能分泌出有毒的刺激性液体，非常难闻。

千足虫也叫马陆，身体两侧有“对称的双足”，和蜈蚣、昆虫、蜘蛛、蝎子以及甲壳类动物如螃蟹同属于一个庞大的动物门类，即节肢动物。巨型千足虫一般行动迟缓，没什么危害，靠吃腐烂的东西为食，比如落叶、腐烂的木头和发霉的水果。不过它的防御能力很强，遇到危险它会蜷缩身体并分泌刺激性液体。

小心！

体长约 380 毫米

一方必死

一只蝎子和一只鹿角虫扭打在一起，以决胜负。蝎子用它的一对钳子似的螯爪刺向对手；鹿角虫则伸出触角探测敌人的位置，用巨大的鹿角状下颚抓住了整只蝎子。它们都能抓住对方——但它们的肌肉都不够强壮，无法给对方造成致命一击。蝎子还没有使用终极武器，即用尾刺把致命的毒液注入敌人体内。然而，即便它真的这么做了，它能刺穿鹿角虫的盔甲吗?

鹿角虫

学　名：***Lucanus cervus***

雄性鹿角虫的幼年既长又枯燥，长达6年，那段时间它们在树里钻洞生活，靠吃木头为食。最后终于长大为成虫后，会笨拙地飞来飞去，寻找雌虫交配。鹿角虫的家族锹甲科非常庞大，有1500多种不同的种类，其中大多数没有什么危害，只舔食植物的汁液和花蜜。

战斗力

致命武器	6
速度和灵敏度	4
蛮力	8
体重	8
脑力	7
逃跑能力	5
总分	**38**

生物特征 SHENGWU TEZHENG

雄性鹿角虫的下颚巨大，就像鹿角一样。

惊人的事实

雄虫的下颚巨大，还很沉，根本无法用力。雌虫的下颚小很多，但咬合肌很大，真的能夹疼你！

灰 蝎

学　　名：***Euscorpius flavicaudis***

战斗力

致命武器	9
速度和灵敏度	8
蛮力	6
体重	5
脑力	6
逃跑能力	8
总分	42

灰蝎有8条腿——所以它们属于蛛形纲。它们也有自己的种类，即蝎目，是蜘蛛、螨和蜱的近亲。灰蝎多数在夜间捕食，它们潜伏起来，搜寻着猎物的位置。它们的猎物对象包括小型虫子、蠕虫和其他爬虫。灰蝎用巨大的钳子抓住猎物，然后用尖锐有力的钳子（即螯爪）把猎物撕成碎片吃掉。

生物特征

尾端有一根有毒的刺。

SHENGWU TEZHENG

体长 35~45 毫米

飞速一击

如果不事先吐出一根一定长度的蛛丝作为应急救生索，跳蛛绝不会首先袭击猎物。但狐面猎蝽的反应速度太快了，蜘蛛刚一落地，才用毒牙吐出救生索的时候，狐面猎蝽就已经撕断了救生索，同时还准备把又长又弯的锋利尖喙刺入蜘蛛柔软的颈部。但是蜘蛛的速度也快如闪电，它把敌人翻转过来，对方柔软的腹部就暴露了，蜘蛛准备再次袭击对方……两只虫子都在用利齿和尖喙互刺，想要给对方致命一击。

狐面猎蝽

学　名：***Reduvius personatus***

在日常生活中，“虫子”指所有令人毛骨悚然的爬虫，但也有人使用这个词特指半翅目昆虫或“蝽”（见第36页）。半翅目昆虫的刺吸式口器又长又尖，非常锋利，能刺入食物中，吸出汁液。狐面猎蝽的食物通常是小一点的昆虫、蠕虫、千足虫或类似的动物。狐面猎蝽还能用口器刺向较大的敌人以进行自卫，那痛感就像是被蜜蜂那锋利的蜂针刺痛了一样。

战斗力

致命武器	7
速度和灵敏度	8
蛮力	5
体重	5
脑力	7
逃跑能力	8
总分	40

生物特征

像匕首一样锋利的口器刺向敌人以进行自卫。

SHENGWU TEZHENG

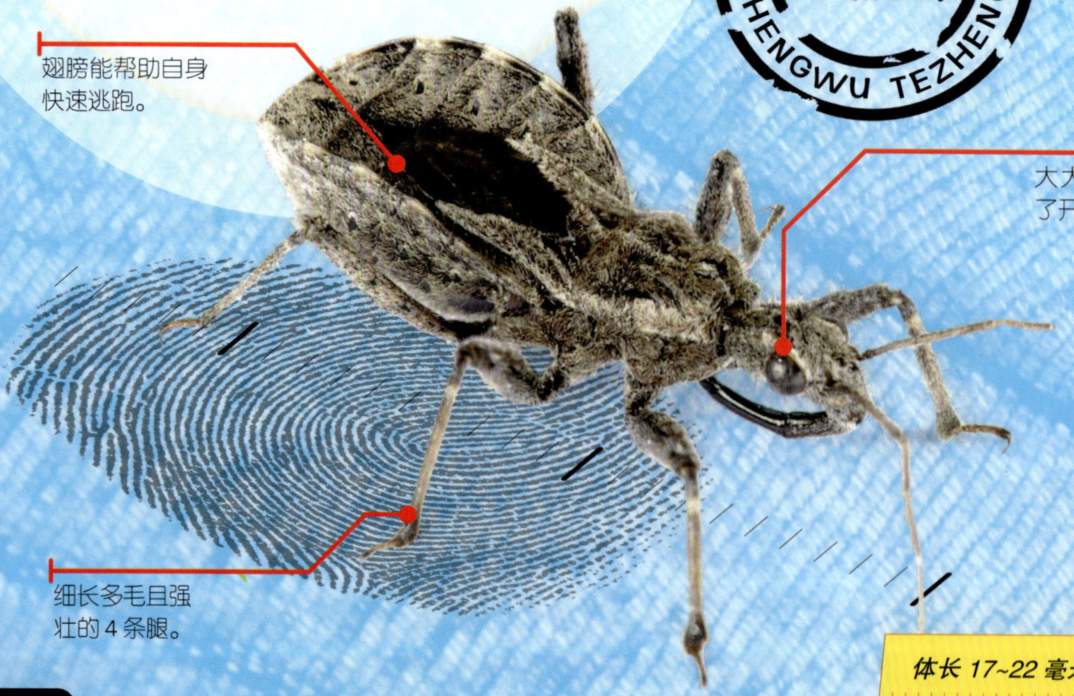

体长 17~22 毫米

跳　蛛

学　　名：***Phidippus audax***

战斗力

致命武器	7
速度和灵敏度	9
蛮力	5
体重	5
脑力	7
逃跑能力	9
总分	42

生物特征 SHENGWU TEZHENG

两只朝前的主眼视力很好，能准确判断距离。

蜘蛛吃蜘蛛！

跳蛛能爬到另一只蜘蛛的网上，模仿被抓苍蝇的挣扎动作。织网的蜘蛛走上前来查看的时候，跳蛛就突然跳到它身上，用致命的毒素攻击猎物。

跳蛛属于蛛形纲动物中的跳蛛科，有超过5000个不同的物种。和其他蜘蛛一样，它们也吐丝，但是这些丝是它们的“救生索”。跳蛛定期把丝线固定在坚固的物体上，四处游荡时丝线就在后面拖着，在此番安全措施的保护下，一旦寻找到猎物，跳蛛会跳到对方背上，用毒牙撕咬对方。如果失败，即没有到达对方领地，跳蛛就会把救生索当成蹦极的绳索逃脱，以免自己掉下去摔死。

体长 17~22 毫米

岸边大战

一只麦加拉带状蜈蚣正在沿着池塘边行走，它走得很快很急，时刻准备着用有毒的爪状前腿撕咬小型猎物。突然，从水中冲出了它最强的天敌——一只巨型水蝽。水蝽长而结实的带钩前腿伸出并抓住敌人，它那像喙一样的口器能把有毒的消化酶注入敌人体内，致其瘫痪，进而使其成为自己的美餐。但是蜈蚣对自己前端的武器也很有信心，它还很擅长扭来扭去，瞬间冲刺，以抓住敌人的上肢或腿。两只虫子开始对峙，然后……

是力量还是灵敏度?

这只巨型美洲水蝽没有任何预警就弓步向前，用钳状前腿抓住了麦加拉带状蜈蚣，用尽力气想要沿着对方弯曲的身体撕破它那坚韧的外壳。麦加拉带状蜈蚣一个急转身，伸出它的毒爪，想要把像匕首一样锋利的刺插入位于巨型水蝽头部和胸部之间的一小处柔软的关节里。两只虫子在较劲——巨型水蝽有坚硬的盔甲，但行动缓慢，动作僵硬；麦加拉带状蜈蚣则非常灵活，很难被困住。

巨型美洲水蝽

学　　名：***Lethocerus americanus***

生物特征

前腿又长又弯，善于抓取猎物。

SHENGWU TEZHENG

蝽是半翅目昆虫（见第30页），有超过8万个不同的种类。草食性半翅目昆虫吸食植物的汁液，掠食性的半翅目昆虫比如巨型水蝽则通过锐利的口器把有毒的消化液刺入猎物体内，然后享用化成糊状的猎物。许多种类的水蝽都可以待在水下，身体的尾端伸出一根像通气管一样的管子以供呼吸。

战斗力

致命武器	8
速度和灵敏度	8
蛮力	8
体重	8
脑力	7
逃跑能力	6
总分	45

小心！

咬脚趾虫的攻击

- 巨型水蝽是一种凶猛的昆虫，常在淡水中游泳的人把它们叫作“咬脚趾虫”，这个名字非常形象到位。
- 巨型水蝽的另一个外号叫电光虫，因为它们喜欢从黑暗中飞向灯光明亮处。

麦加拉带状蜈蚣

学　　名：*Scolopendra cingulata*

战斗力

致命武器	8
速度和灵敏度	8
蛮力	8
体重	8
脑力	8
逃跑能力	8
总分	48

蜈蚣属于唇足类动物，它们和千足虫是亲戚，但两者在以下两个主要方面很不相同：其一就是蜈蚣身体每个部分（一节身体）只有2条腿，而不是4条。另一点不同之处则是蜈蚣是一种动作很快且性情凶猛的肉食性虫子，它们会用毒牙（即獠牙）刺向猎物，这对牙其实是一对前腿，每条腿末端都带有一只齿状利爪。

生物特征

含有剧毒的牙其实是带爪的钳状前腿。

SHENGWU TEZHENG

体长 100~150 毫米

活动食品柜

两名宿敌再次历史性地相遇了，在整个进化过程中，它们时常产生这样的冲突：沙漠蛛蜂不好斗，以花蜜和花粉为食——但它现在要把含有剧毒的尾刺刺向墨西哥红膝狼蛛，使它瘫痪，把它变成蛛蜂宝宝的活动食品柜。墨西哥红膝狼蛛也作出了反击，它以典型的狼蛛抬腿方式抬起前腿，踢向蛛蜂，长长的毒牙滴着毒液，准备攻击，而后腿则将刺激性毛发弹射到蛛蜂的头部和眼睛上。双方都知道最后结果——最先刺中对方的就是最后的赢家。

沙漠蛛蜂

学　名：*Hemipepsis ustuluta*

生物特征 SHENGWU TEZHENG

锋利而坚硬的尾刺用途很多，含有剧毒。

战斗力

致命武器	8
速度和灵敏度	7
蛮力	8
体重	7
脑力	5
逃跑能力	7
总分	42

沙漠蛛蜂、黄蜂、叶蜂、蜜蜂和蚂蚁都属于一个庞大的昆虫种类，叫作膜翅目昆虫（意思是“薄片翅膀类昆虫”），有超过15万个物种。沙漠蛛蜂像鹰一样狩猎，因此而有名，它们会盘旋着寻找猎物，然后俯冲过去，抓住猎物，在受惊的猎物还没来得及作出反应前就把可怕的毒刺插入猎物体内。与蜜蜂的刺不同，黄蜂的刺没有倒钩，所以可以多次使用。

小心！

蜘蛛杀手

沙漠蛛蜂使用毒液将一只狼蛛或类似的蜘蛛麻痹，把毫无反抗之力的猎物带到洞穴里，然后产下一枚卵。沙漠蛛蜂幼虫孵化后就慢慢地吃掉还活着的狼蛛或蜘蛛，然后变成蛹。长成成虫后它就会从空荡荡的狼蛛或蜘蛛皮里爬出来。

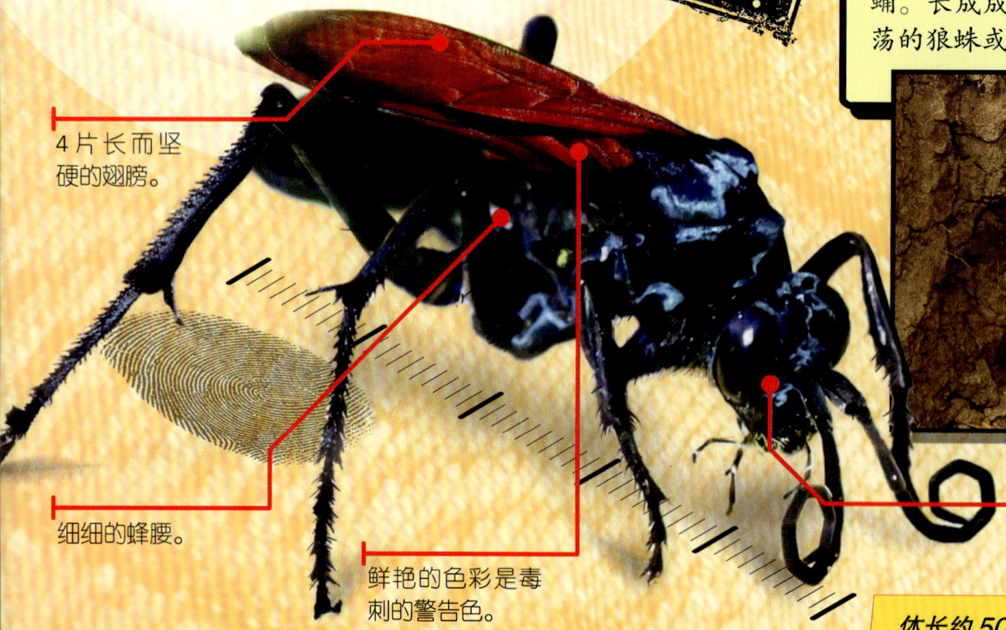

体长约50毫米

墨西哥红膝狼蛛

学　名：***Brachypelma smithi***

战斗力

致命武器	8
速度和灵敏度	8
蛮力	9
体重	8
脑力	6
逃跑能力	7
总分	46

墨西哥红膝狼蛛和漏斗蜘蛛属于蜘蛛中的原蛛亚目。墨西哥红膝狼蛛的一对锋利毒牙朝下生长，而不是像剪刀一样呈一个角度或相互交叉。受到威胁时，狼蛛就会亮出毒牙，随时准备向前跳跃，冲向敌人或猎物。

生物特征

向下长的大毒牙随时准备冲向敌人。

SHENGWU TEZHENG

体长约 100 毫米
腿长约 150 毫米

红色警报

蚁狮幼虫在火山口状的沙子底下埋伏，埋在土中几乎等了好几个小时，它的目的就是抓住在沙粒上爬来爬去的虫子，用凶猛的钳状口器将对方钳住吞吃下去。一只红火蚁出现在“火山口”边缘，它由此陷入了死亡危机——蚁狮向它投掷着沙粒，紧接着抓住这位不幸的受害者并注射了致命的毒素。但是只要出现了一只红火蚁，通常就会有更多同伴出现。突然，蚁狮被大量敌人包围了——红火蚁取名为“火”是大有缘由的——它尾巴上的刺含有毒液，注入对手体内后会引起强烈的烧灼感。

红火蚁

学　　名：***Solenopsis invicta***

生物特征

SHENGWU TEZHENG

尾端的刺含毒，刺入后有强烈痛感。

战斗力

致命武器	7
速度和灵敏度	7
蛮力	5
体重	5
脑力	6
逃跑能力	6
总分	36

和白蚁一样，单只红火蚁不会给对手造成什么大问题——但数十只或数百只红火蚁出现时就可以打败敌人。红火蚁、蜜蜂和黄蜂同属于一个昆虫种类，即膜翅目昆虫。它们都有强壮的下颚，还有一根能注射毒液的尾刺。如果一只红火蚁被攻击，它就会在空中释放一种报警气味，即外激素，这种激素能被蚁巢里的其他成员快速检测到并进行跟踪，然后发动大规模攻击来帮助遇到麻烦的同伴脱离险境。

哎呀！热啊！疼啊！

红火蚁得名于它的毒针里毒素引起的热辣疼痛感。这种毒素能让人非常痛苦地哀嚎，更何况是对于一只蚂蚁大小的小虫子，那种痛苦难以名状。

体长 3~7 毫米

蚁狮幼虫

学　　名：***Myrmeleon***

战斗力

致命武器	8
速度和灵敏度	5
蛮力	6
体重	6
脑力	7
逃跑能力	7
总分	39

蚁狮和草蜻蛉都属于脉翅目昆虫（也叫作网翼目昆虫）。成年蚁狮看起来很像豆娘，一直安静地吸食着花蜜。但在幼虫阶段，它是非常凶猛的——就像真正的“狮子”一样，会攻击对手或猎物。它能用庞大强壮的钳形口器抓住、刺穿对手或猎物，并把剧毒注入它们体内，包括红火蚁、白蚁、苍蝇、甲虫或其他任何不幸落入其陷阱的生物。

生物特征 SHENGWU TEZHENG

弯弯的带刺钳形口器抓住、刺穿对方，并注入剧毒。

体长 20~150 毫米

扭打中的巨虫

目前看来还没有一方会死——但是这两只虫子世界中庞大的怪物必然会给双方造成严重的伤害——一方或者双方都可能会随后致命。詹氏超长竹节虫不想引人注目，因为它的伪装能力令人吃惊。阿特拉斯蛾体积庞大，强壮有力，遇到对手或猎物时根本毫不畏惧，它狠狠地扇动着翅膀，身上的毛很硬，还带有刺激性化学物质。詹氏超长竹节虫那尖锐的四肢狠狠地踢向阿特拉斯蛾，并从尾端喷射有毒的化学物质。这次猛烈冲突之后，两只虫子都可能会死掉。

阿特拉斯蛾

学　名：***Attacus atlas***

飞蛾和蝴蝶属于昆虫中一类叫作鳞翅目的昆虫，细小的鳞片覆盖了它们的翅膀，赋予它们多彩的颜色和图案。尽管体格庞大，但阿特拉斯蛾由幼虫变为成虫的2周内都可以不吃东西。这期间它的口器并不发达，无法采食花蜜或吸食类似的食物，只能靠体内储存的营养生存下来，而这些营养素都是在它还是一只贪吃的毛毛虫时存下来的。

战斗力

致命武器	4
速度和灵敏度	4
蛮力	8
体重	9
脑力	7
逃跑能力	9
总分	41

生物特征

翅膀前端的外侧是令人恐怖的蛇头图案。

SHENGWU TEZHENG

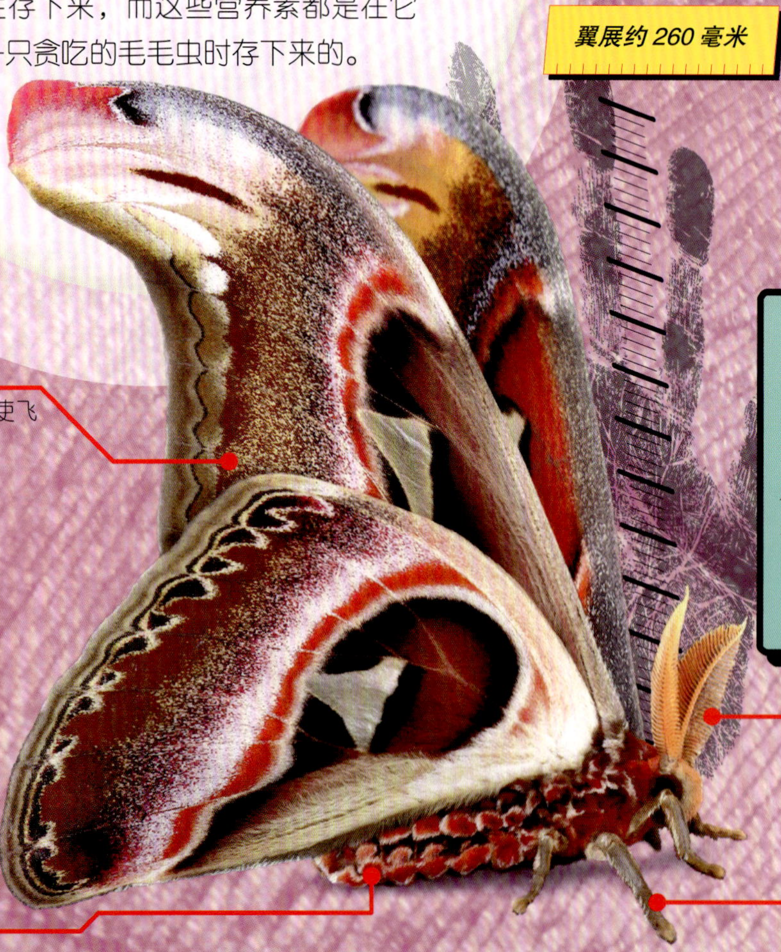

奇迹般的翅膀

阿特拉斯蛾是世界上翅膀最大的飞蛾，它的翼展长达 260 ~ 270 毫米。这种飞蛾生活在南亚和东南亚的森林里。雌性飞蛾的翅膀比雄性的更大。

詹氏超长竹节虫

学　　名：***Phobaeticus chani***

战斗力

致命武器	4
速度和灵敏度	4
蛮力	8
体重	9
脑力	7
逃跑能力	8
总分	40

竹节虫，也叫手杖虫或棍虫，属于昆虫中的竹节虫目，包括3000多个种类。竹节虫的形状和颜色看起来就像是枯死的棕色树枝，它们是自然界中善于伪装的最佳例子。它们极少能引起捕食者的注意，如果被发现，竹节虫会打开它们艳丽的翅膀飞走——或者只是从树枝上落到森林的地面上，然后逃走。

惊人的事实

东南亚的詹氏超长竹节虫是世界上最长的昆虫。它的头和身体全长350毫米，如果腿向前伸直，全身长度可以达到570毫米，有半米多长——真令人震惊！

体长约350毫米

生物特征 SHENGWU TEZHENG

伪装能力强大，能伪装成树上长出的树枝。

枪 伤

子弹蚁四处游荡，来到了一朵色彩艳丽的花儿旁。砰！兰花螳螂就藏在花瓣里，旁人几乎看不到它。它伸出折叠式的前腿夹住子弹蚁，腿上面的刺深深地刺入了子弹蚁的身体，防止它逃跑。同时兰花螳螂用它那锋利的下颚咬掉了子弹蚁的触角和眼睛，但它突然觉得全身一阵火辣辣的疼，就好像被子弹击中了一样。原来是子弹蚁的伙伴已经赶来救援，它疯狂地叮咬着兰花螳螂。兰花螳螂是放弃美餐逃跑呢，还是要坚持下去，抗击随后赶来的整个子弹蚁部落呢？

兰花螳螂

学　名：***Hymenopus coronatus***

战斗力

致命武器	8
速度和灵敏度	9
蛮力	7
体重	7
脑力	8
逃跑能力	8
总分	47

螳螂形成了自己的昆虫种群，即螳螂目（见第18页）。许多螳螂都非常善于伪装，兰花螳螂更是个中翘楚，它的长相和那些看起来无害的花朵非常相似。这种螳螂为了更好地埋伏，与周围环境协调，甚至还会慢慢地变色，如模仿周围的兰花花瓣，从棕色变成红色，再变成粉红色。

生物特征
SHENGWU TEZHENG

花瓣状的腿拍动着，模仿花朵的形状。

雌性体长约 60 毫米
雄性体长 25~30 毫米

子弹蚁

学　名：*Paraponera clavata*

战斗力

致命武器	8
速度和灵敏度	7
蛮力	6
体重	6
脑力	6
逃跑能力	7
总分	40

生物特征 SHENGWU TEZHENG

尾针上的毒会引发剧烈的抽痛。

蚂蚁属于大规模群居膜翅目昆虫（见第15页）。子弹蚁是世界上最大、最强壮、速度最快的蚂蚁。一只子弹蚁就是一个凶猛的敌人，所以同时对抗几只子弹蚁对任何虫子来说都是一个巨大的挑战。子弹蚁每200～500只为一群，生活在一起，吸食花蜜、树液和其他植物的汁液，也会捕食小动物，带回蚁巢喂养子弹蚁宝宝。

像子弹一样

子弹蚁的尾针是世界上最为可怕的一种。上面的毒液会引发剧烈的抽痛，几乎令人难以忍受，还带有灼热感，会持续 24 小时以上。受过叮咬的人事后称，当时就像是被一颗子弹打中一样——他们当然根本没有被子弹射中！

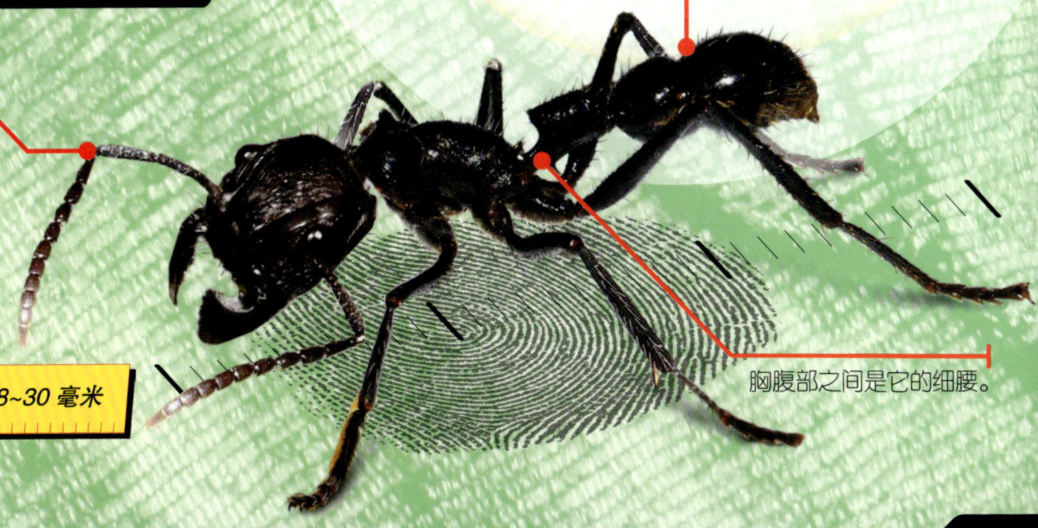

身体上有短短的毛。

弯曲或可“折叠”的触须。

胸腹部之间是它的细腰。

体长 18~30 毫米

无声杀手

在湿漉漉的森林灌木丛里，一只花山蛭正沿路寻找猎物的鲜血来吸食。突然，一只饥饿的天鹅绒虫拦住了它前进的道路，这只绒虫正为了饱餐一顿而准备战斗。花山蛭用10只眼睛扫视了一下对手，准备用吸盘一样、长有牙齿的下颚来迎击——它的下颚几乎可以撕开或咬破任何东西。但是天鹅绒虫有一样远程攻击武器——它能从头上的开口处喷出带麻痹作用的黏液，然后将猎物放到下颚一样的口器里大口大口地咀嚼。天鹅绒虫将黏液喷向虎视眈眈的花山蛭身上。花山蛭猛烈地摆动着，想要找到一块柔软的地方下口，却无法挣脱天鹅绒虫的超级黏液陷阱。

老虎水蛭

学　名：***Haemadipsa picta***

生物特征 SHENGWU TEZHENG

头部顶端是吸盘一样、带着牙齿的“下颚”。

战斗力

致命武器	7
速度和灵敏度	4
蛮力	6
体重	7
脑力	3
逃跑能力	9
总分	36

作为终极吸血鬼，老虎水蛭属于一个小群体，即蛭纲。它们也可以归到一个更大的种类——环节动物门，包括蚯蚓、沙蚕、海蚯蚓和许多其他蠕虫。老虎水蛭的后端两侧各有一个吸盘。在前端的吸盘里长有角质化的“牙齿”，可以咬开并撕破对方皮肤，吸食皮肤下面的血液和体液。

小心！

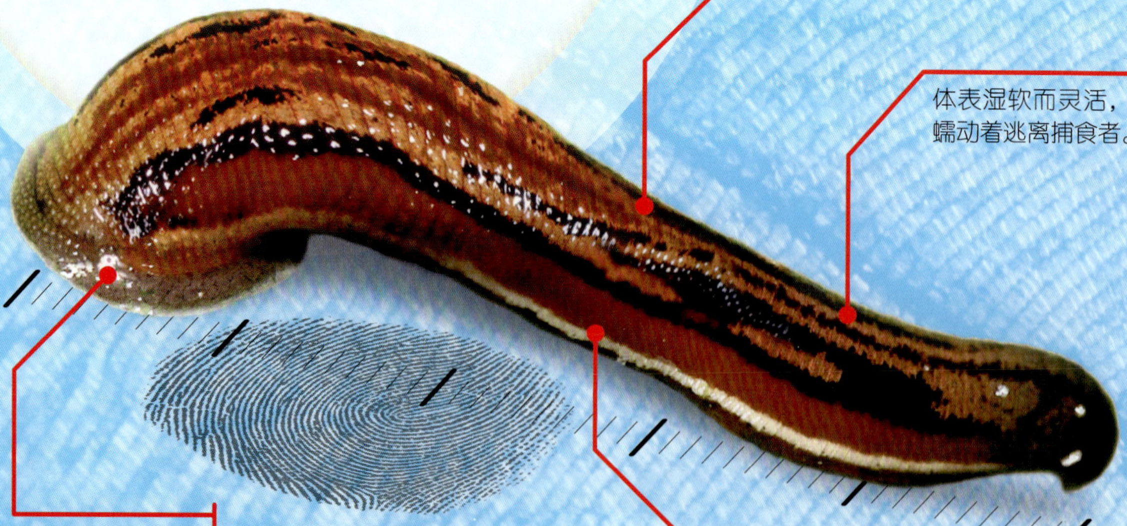

天鹅绒虫

学　名：***Velvet worm***

战斗力

致命武器	7
速度和灵敏度	7
蛮力	7
体重	7
脑力	7
逃跑能力	7
总分	42

生物特征 SHENGWU TEZHENG

一排排粗短的腿能快速移动。

天鹅绒虫非常少见，它们单独归入一大类，即有爪动物门。这类动物不到200个物种，但动物爱好者却对它们深深地着迷，因为天鹅绒虫融合了其他几个主要种群，比如蠕虫、多足类和昆虫的特征。它们夜间捕猎，从头顶喷出黏黏的液体，困住那些无助的小型猎物，比如蜗牛和蜘蛛。

过渡物种？

天鹅绒虫非常神秘——形状和蠕虫一样，十几对类似毛毛虫的足，末端还有爪子，黏液腺体能喷射出黏糊糊的东西。这种虫子已经存在了大约5亿年。专家认为，它可能是无足的环节动物和长有体节及足的节肢动物（如昆虫）之间的过渡物种。

头上的触须。

小小的单眼只能分辨出光线和阴影。

粗短而柔软的腿。

体长 5~200 毫米

巨头对峙

这真是令人惊喜，因为可以研究对手。这两只重量级的虫子在体力的角逐中都非常小心翼翼。巨沙螽占据一个角落，巨大花潜金龟则在另一边。双方都没有能让对手瘫痪的毒液，也没有锋利的下颚。但是巨沙螽非常勇猛，它的下颚啃咬能力很强，后腿也非常强壮有力，踢一脚就能让对方开膛破肚。而巨大花潜金龟的体积庞大，头上有角，脚上的利爪也会给对手造成致命的伤害。究竟是谁能掌控全局呢？

紧紧钳制

这两只怪物搏斗的速度非常惊人。巨大花潜金龟快速从巨沙螽身下脱身，压住巨沙螽的身体，用利爪刺入对手的腹部。巨沙螽猝不及防，想要用强劲的下颚咬破巨大花潜金龟厚重的胸甲，不过却徒劳无功。然后它开始挣扎，发挥它擅长的踢技，试图用带刺的脚抓住巨大花潜金龟那带有漂亮图案的翅鞘并将它划开。尽管巨沙螽脚力强劲，但是巨大的花潜金龟还是占了上风，因此衰弱的一方慢慢地断了气。

巨沙螽

学　名：*Deinacrida*

战斗力

致命武器	7
速度和灵敏度	6
蛮力	8
体重	8
脑力	5
逃跑能力	8
总分	42

沙螽大概有75个不同种类，和蚱蜢、蟋蟀、纺织娘同属于一类昆虫，即直翅目昆虫（意思是“直直的翅膀类昆虫”）。巨沙螽以食草为主，食物包括花朵、树叶、种子和水果。它们需要咀嚼坚硬的食物，比如种子，因此下颚很强壮，这就意味着在自卫时它们也可以狠狠地一口解决掉猎物。

生物特征 SHENGWU TEZHENG

强壮有力的后腿踢力强劲。

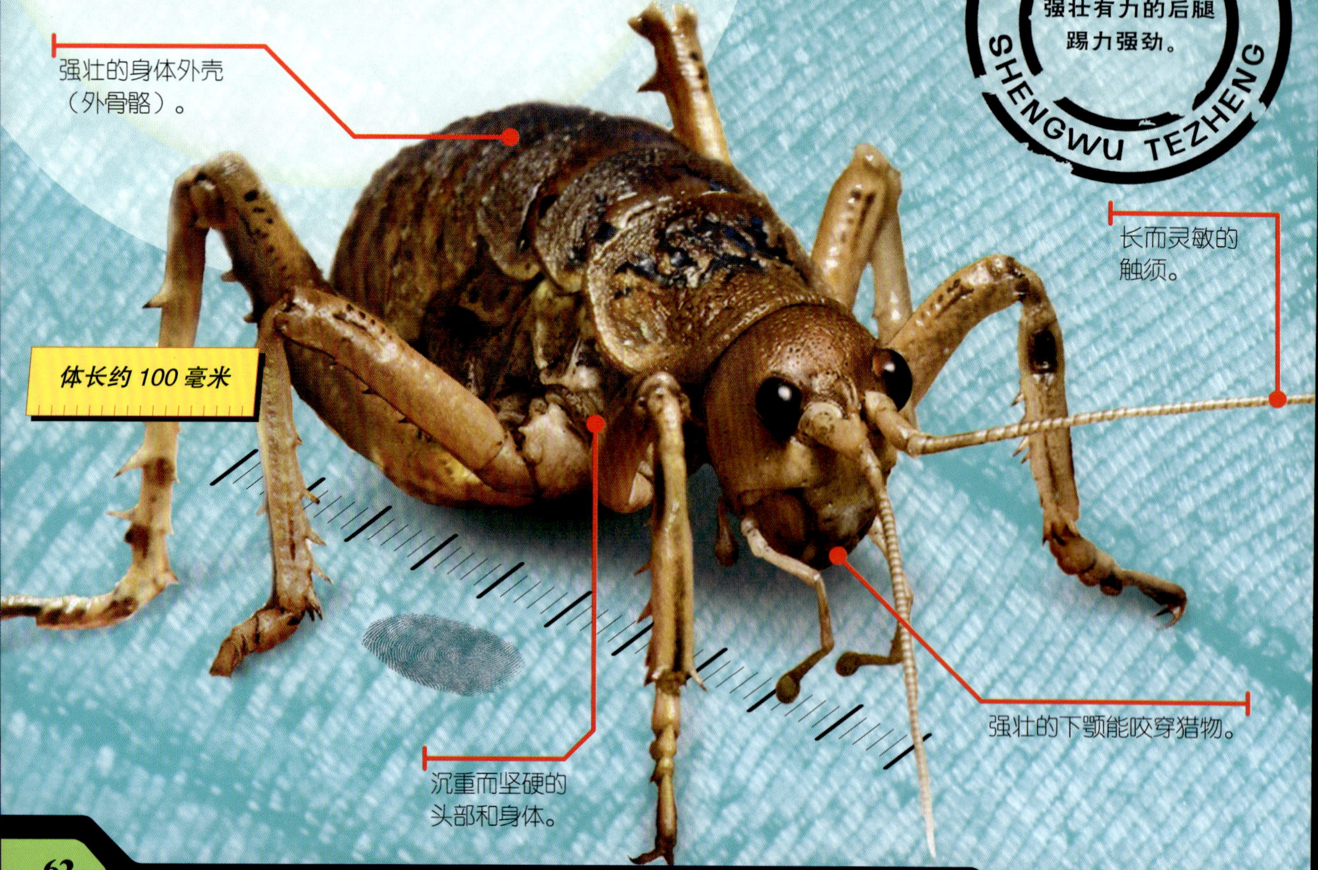

巨大花潜金龟

学　　名：*Goliath beetle*

战斗力

致命武器	7
速度和灵敏度	6
蛮力	9
体重	9
脑力	7
逃跑能力	6
总分	44

生物特征 SHENGWU TEZHENG

头上分叉的角可以合起来并举起敌人。

甲虫组成了昆虫中庞大的鞘翅目（见第11页）。巨大花潜金龟取名于传说中巨人的名字，从名字可看出它非常笨重，极其强壮。不过它那巨大的后翅经常整齐地折叠起来，由前翅覆盖，这双大翅膀能帮助这只巨物飞行。这些甲虫生活平静，靠吸食树液、花蜜和多汁的水果为生。

惊人的事实

巨沙蠡和巨大花潜金龟都是虫子世界中真正的重量级巨头，最大的巨沙螽重达 60 ~ 70 克。巨大花潜金龟则是所有昆虫中体重最重的虫子，一直都是官方最大体重纪录保持者——成虫重达 60 多克，但幼虫则超过 110 克。

体长约 100 毫米

战斗会开始吗?

这只是一个持续几秒钟的等待游戏。避日蛛展开它的“前腿”，想要试探敌人——这双“前腿”虽然看起来像腿，但实际上却是毛茸茸的触角。庞大的巨鞭蝎轻轻摇动自己的传感器(即精细的尾鞭)四处探测。避日蛛有巨大的尖牙，但没有毒；而巨鞭蝎则在空中挥舞着它那壮观的钳子。双方都非常谨慎，避免对方打到自己主要的传感部位。战斗会开始吗?巨鞭蝎一个箭步冲出，喷出酸性防御液，避日蛛躲开，对峙再启，但时间并不长……

避日蛛

学　　名：***Solifugid***

战斗力

致命武器	8
速度和灵敏度	8
蛮力	8
体重	8
脑力	7
逃跑能力	8
总分	47

避日蛛是蜘蛛和蝎子的近亲，属于蛛形纲动物，它有自己的小群体，即避日目，“避日”的意思是“避开太阳”。避日目大约有1100种，它们还有一些其他比较常见的名字，例如风蝎和日蛛。它们看起来好像有10条腿，但实际上前面两条是长长的感应触须，叫作触角，掌管着触觉、嗅觉和味觉。

生物特征

拥有一对钳形爪子一样的尖利下颚（螯肢）。

SHENGWU TEZHENG

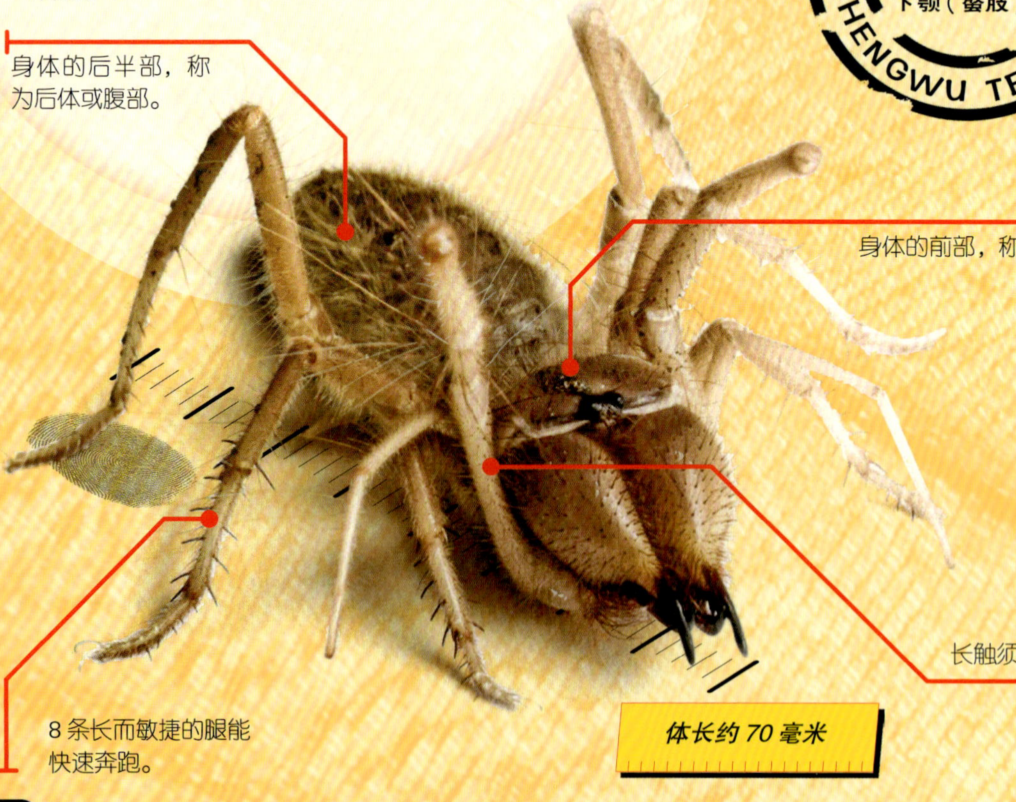

体长约 70 毫米

巨鞭蝎

学　名：*Mastigoproctus giganteus*

战斗力

致命武器	8
速度和灵敏度	8
蛮力	8
体重	8
脑力	6
逃跑能力	6
总分	44

生物特征 SHENGWU TEZHENG

庞大、强壮而多刺的钳子可以抓住猎物。

巨鞭蝎在大的蛛形纲动物中组成了一个小的群体，即有鞭蝎目。和它的亲戚蜘蛛和蝎子一样，有鞭蝎有4对真正的腿——不过没有毒。和蝎子相同，它们拥有强大的钳子（或叫作须肢），可以抓住并撕裂蛞蝓、蜘蛛和其他小动物。它们因其长长的鞭状尾巴而得到了另一个常见的昵称——鞭尾蝎。

酸性攻击

这种蝎子有一个常见的名字，叫“醋蝎”，得名于它腹部腺体分泌的一种酸性液体。液体是从其尾部的一个洞里喷射出来的，就在鞭状尾巴的下方。液体的主要成分是乙酸——就是俗称的醋！

水下大战

池塘的和平被一场大混战打破了：一只帝王伟蜓若虫正在追逐一只倒霉的蝌蚪，却突然遇到了虫子世界中速度最快、性情最凶猛的掠食者——水蝎。这种蝎子与其名字的含义没多大关系，它没有毒刺，但它的喙形口器可以发起猛烈攻击。年幼的帝王伟蜓若虫则拥有更加神奇的武器——它整张脸从前面看起来就像一张死亡面具，能快速向前伸出，刺穿敌人。水蝎则靠折叠式的钳状前腿发起反攻。一会儿是这方占了优势，一会儿则是另一方……

帝王伟蜓若虫

学　　名：*Anax imperator*

战斗力

致命武器	9
速度和灵敏度	7
蛮力	8
体重	7
脑力	6
逃跑能力	5
总分	42

蜻蜓和豆娘都是超级快速的空中掠食者，捕食小型飞行生物，如蠓、蚋、蚊子和小飞蛾。它们形成了一类昆虫，叫作蜻蛉目，特点是下颚处有牙齿一样的钉子。帝王伟蜓若虫和成虫一样凶猛，它们生活在水中，用可以伸缩的“头部面具”捕食蝌蚪、小鱼、水蛭和水蝽。

生物特征 SHENGWU TEZHENG

活动面具向前伸出来抓住猎物。

水　蝎

学　　名：***Nepa cinerea***

战斗力

致命武器	8
速度和灵敏度	7
蛮力	8
体重	7
脑力	6
逃跑能力	6
总分	42

生物特征

长长的前腿顶端像钳子一样非常锋利。

SHENGWU TEZHENG

水蝎属于昆虫中半翅目昆虫（参见第30页）。水蝎头部长着的一双巨大的折叠式钳子实际上是两条腿，可以抓捕猎物。猎物捕获后会被放到锋利的喙状口器中，这种口器是半翅目昆虫最为典型的特征。它长长的尾巴是用来呼吸空气的通气管，即水中呼吸器。

戴着水中呼吸器的蝎子

看看这张照片，与真正的蝎子不同，水蝎长长的尾巴没有毒，它是一根长呼吸管（或叫作水中呼吸器），用来把新鲜空气变成气泡，储存起来，就像一辆潜水坦克一样。储存气泡的地方就在翅膀下面和背部上方之间的空隙里。

凶猛杀手

狼会成群发动袭击，但狼蜂是独行杀手。它飞得很快，会突然发起攻击，猛地把它那用途广泛的长刺刺入一只或两只工蜂体内，其目标是对方两条前腿之间的地方，这样就可以麻痹对方的中枢神经，使其瘫痪。狼蜂突袭后会带着毫无反抗之力的猎物返回巢中，狼蜂宝宝就可以美美地饱餐一顿了。两只工蜂面对这种快速野蛮的进攻会显得不堪一击；但是如果长有翅膀的狼蜂延迟一秒钟进攻，蜂巢里的工蜂就会集合起来，一齐猛叮它。在这个过程中，参与战斗的蜜蜂的身体后部会被撕裂，但它们的自杀行为保证了整个蜂巢的安全。

狼 蜂

学　　名：***Philanthus triangulum***

生物特征

长长的毒刺可以多次使用。

SHENGWU TEZHENG

战斗力

致命武器	7
速度和灵敏度	8
蛮力	6
体重	6
脑力	7
逃跑能力	8
总分	42

狼蜂当然既不是狼，也不是蜜蜂。它是一种黄蜂，捕食猎物的时候很像意志坚定的狼在追捕猎物。黄蜂属于膜翅目昆虫（参见第40页），是一种快速、灵敏的飞虫。狼蜂瞄准几只蜜蜂后，会用毒刺刺向对方使它们瘫痪，然后将其带回巢穴里。在巢穴中的狼蜂宝宝就靠这些蜜蜂为食，逐个地将其吃掉，直到自己完成蜕皮，外壳变硬，才会独自出去觅食。

小心！

战斗力

致命武器	7
速度和灵敏度	6
蛮力	5
体重	5
脑力	5
逃跑能力	5
总分	33

蜜　蜂

学　名：*Apis mellifera*

生物特征

带有倒钩的毒刺只能用一次。

SHENGWU TEZHENG

奉献精神

蜂蜜是一种很棒的能量来源，富含营养，因此许多生物都会突袭野生的蜂巢以获得美食，包括从小鸟到体态庞大的熊。蜜蜂会叮咬这些入侵者，挽救它们的同伴，但它们自己也会因此丧命，那些同伴都是它们的兄弟姐妹，所以说蜜蜂是为了自己的大家庭而活。

和狼蜂一样，蜜蜂是一种膜翅目昆虫。不过，狼蜂是独行侠，而蜜蜂则是群居动物，生活在庞大的蜂巢里，彼此依靠，互相帮助寻找食物、筑巢和防御外敌。蜜蜂的毒刺上有很小的倒钩，这就意味着毒刺只能使用一次——蜜蜂飞走后，刺就留在了受害者体内。

体长 5~15 毫米

谁是大赢家

那么，这些酷虫大战的结果如何呢？有时获胜者非常明了，有时竞争则比较白热化。多数战斗都会出现胜利者——但有时胜利者受伤严重，也可能活不了。

蠼螋赢

对动作迟缓的隐翅虫来说，蠼螋的动作太快了，它夹住并咬紧隐翅虫，使它不得不屈服。

大黄蜂胜

大黄蜂翅膀的快速扇动和腿部的猛踢，再加上它突然的叮咬动作，这场较量很快就结束了。

个头决定胜负

蟑螂的体形、力量和惊人的速度很快就拖垮了反应迅速、勇往直前但力气耗尽的螳螂。

白蚁落败

巨型非洲千足虫刺激性的防御液体很快就发挥了作用，软化了白蚁的身体，确保了自己的胜利地位。

灰蝎胜

鹿角虫奋勇战斗，但因柔软的颈部关节处被灰蝎毒针刺入而落败。

跳蛛被杀

狐面猎蝽既有速度又有耐力，最终伺机而动，给了对方致命一击。

蜈蚣胜

蜈蚣用毒爪快速猛烈地多次击打着水蝽，慢慢使其瘫痪了。

蛛蜂全胜

蛛蜂特别擅长捕猎狼蛛，而且只吃狼蛛，所以它的优势一直都很明显。

再会了，火蚁

蚁狮坚硬的身体外壳抵挡住了红火蚁的叮咬，然后它躲到了安全的地方。

平手

两只巨大的虫子相互推搡、拍打、踢来踢去，最终两败俱伤。

强大的螳螂获胜

螳螂速度快如闪电，剪断了子弹蚁的触角和眼睛，让它束手无策。

天鹅绒虫赢

天鹅绒虫那黏糊糊的喷雾剂是这场格斗中的决定性制胜因素。

巨大花潜金龟胜利

巨大花潜金龟的体形和力量使它最终在这场虫子的终极重量比赛中获胜。

灵敏的避日蛛胜

避日蛛的速度和灵敏度使它避开了蝎子喷射的毒液并发出致命一击。

水蝎胜

水蝎那长长的钳形腿起了决定性作用，它撕掉了帝王伟蜓若虫的面具。

狼蜂征服蜜蜂

狼蜂俯冲下来，带走了一只蜜蜂，并成功脱逃。

总冠军

哪只虫子能获得总冠军？麦加拉带状蜈蚣似乎是高居榜首——它强壮有力，有带着毒液的利齿状爪子、敏锐的感官、坚硬的身体外壳以及飞快的速度，战斗过程中它会扭转身体，无数的腿能快如闪电般地飞奔。但如果它没有处于最佳状态，结局又会怎样呢？——谁知道呢？

词汇表

触须

许多虫子尤其是昆虫头上一种细长、弯曲、灵敏的触角。

蛛形纲动物

成体有8条腿的动物，包括蜘蛛、蝎子、避日蛛、螨和蜱。

节肢动物

腿部带有关节的动物，包括昆虫、蛛形纲动物、蜈蚣、千足虫和甲壳类动物。

蜚蠊目

包括蟑螂类昆虫，多为夜行性动物，几乎什么都吃。

食肉动物

也叫作肉食动物。一种掠食性动物，捕猎、杀死并吃掉其他动物。

螯肢

蛛形纲动物及相似甲虫类的口器，形状像尖牙、钳子或压碎机。

多足纲

多足纲动物都拥有一对钳状毒颚，除倍足纲动物以外，其他多足类动物的身体每节有两条腿。

鞘翅目

一种甲壳类昆虫，前翅角质化为鞘翅，用来覆盖、保护身体主要部位。

甲壳动物

多居住在水中的一种节肢动物，比如螃蟹、龙虾、基围虾、对虾和磷虾。

革翅目

蠼螋类昆虫，食腐动物，喜欢阴暗潮湿的地方。

鞘翅

甲虫像盾一样坚硬的前翅，可以用来保护飞行的后翅。

外骨骼

许多甲虫身上坚硬的外壳，能够对身体起保护和支持作用。

毒肢

蜈蚣的一对前腿，有着似利爪的特殊形状并带着毒液。

半翅目

昆虫中的蝽类，口器或喙就像尖利的鸟喙。

蛭纲

环节动物，身体柔软，头和尾部各有一个吸盘。

膜翅目

包括蚂蚁、蜜蜂、黄蜂和叶蜂类昆虫，大多带有有毒的刺。

等翅目

又叫作“白色的蚂蚁”。白蚁类昆虫，大多比较柔软、苍白，居住在地下。

幼虫

许多昆虫生命周期中幼年的形态，从卵中孵化出来后，特别能吃。

鳞翅目

蝴蝶和飞蛾类昆虫，长有4片巨大的翅膀，上面有马赛克一样的鳞片。

斑腿锹甲

鹿角虫亚群类昆虫，雄性的下颚巨大，看起来就像雄鹿的鹿角。

狼蛛科

狼蛛会快速追赶猎物，而不是像其他蜘蛛利用吐丝或布下相似的陷阱来捕食。

大颚

某些节肢动物形似下颚的口器，能够左右移动而不是上下移动。

螳螂目

螳螂类昆虫，前面的两条腿就像锋利的大剪刀或折叠刀。

原蛛亚目

蜘蛛种类，包括狼蛛、漏斗蜘蛛和螳螂，都有向下突出的尖牙。

脉翅目

昆虫种类，包括草蜻蛉、螳螂和蚁狮，它们的幼虫食肉，很凶猛。

若虫

许多昆虫生命周期中幼年时期的称谓，其形态与成虫很相似。

蜻蜓目

包括蜻蜓和豆娘类昆虫，幼年时期在水下捕食。

有爪动物

有爪动物是一种奇特的虫子，例如天鹅绒虫，这类虫子与其他几类虫子有相似的形态，但是彼此之间并没有亲缘关系。

直翅目

包括蚱蜢、蟋蟀、纺织娘和沙螽一类的昆虫，拥有修长而强健的后腿。

须肢

指蜘蛛和其他相似的蛛形纲动物身上又长又敏感的触角，类似蝎子的螯。

竹节虫目

指棍状和叶状昆虫，通过模仿树枝、花蕾、树叶或鲜花的样子来伪装自己，以捕获猎物或逃避敌害。

外激素

动物发出的味道，通过它在空中和地表传送信息给同类。

蛹

许多昆虫生命周期中的第三个阶段，处于幼虫和成虫之间。

刺吸式口器

蝽（半翅目）长而尖锐的口器，形状像鸟的喙。

跳蛛科

蜘蛛目中的一科，跳蛛科动物具有视野开阔的大眼睛和善于跳跃的长腿。

蝎目

蛛形纲动物中的蝎类，有巨大的螯或螯肢，尾端的刺有毒。

避日蛛

一种蛛形纲动物，避日蛛具有长腿和无毒的大尖牙，但是不会吐丝结网。

气门

许多昆虫身体两侧的呼吸孔，可以让空气进出。

巨鞭蝎

指蛛形纲动物中的有鞭蝎的一种，有螯肢和长长的鞭状尾巴。

结节

指某些昆虫身体，特别是头部上面的肿块或角状突起。

毒素

经利齿或刺注入对方体内引发疼痛、瘫痪甚至死亡的物质。